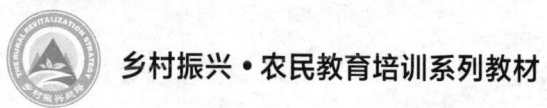

乡村振兴·农民教育培训系列教材

物联网 + 现代农业

折宝军　张瑞波　李　悦　主编

中国农业科学技术出版社

图书在版编目(CIP)数据

物联网+现代农业 / 折宝军，张瑞波，李悦主编 . --北京：中国农业科学技术出版社，2023.5（2025.1重印）
ISBN 978-7-5116-6264-4

Ⅰ. ①物… Ⅱ. ①折…②张…③李… Ⅲ. ①物联网-应用-现代农业-研究-中国 Ⅳ. ①F323

中国国家版本馆 CIP 数据核字（2023）第 073061 号

责任编辑　申　艳
责任校对　王　彦
责任印制　姜义伟　王思文

出 版 者	中国农业科学技术出版社
	北京市中关村南大街 12 号　邮编：100081
电　　话	（010）82106636（编辑室）　（010）82109702（发行部）
	（010）82109709（读者服务部）
网　　址	http://www.castp.cn
经 销 者	各地新华书店
印 刷 者	中煤（北京）印务有限公司
开　　本	140 mm×203 mm　1/32
印　　张	5.5
字　　数	140 千字
版　　次	2023 年 5 月第 1 版　2025 年 1 月第 4 次印刷
定　　价	25.60 元

◁═ 版权所有·翻印必究 ═▷

编委会

《物联网+现代农业》

主　编	折宝军　张瑞波　李　悦
副主编	徐　丽　刘　妍　马庆智　曾　靖
	张全伟　高　敏
编　委	李晓微　方　威　魏欣荣　靳　芹
	赵　雪　聂九英　何　浩　李燕兵
	冯晓霞　张　颖　张　洁　杨婕妤

前言

物联网是物物相连的互联网。物联网描绘了人类全新的信息活动场景，实现让所有的物体都与网络有时时刻刻、无处不在的连接。人们可以通过物联网对物体进行识别、定位、追踪、监控并触发相应事件，获得信息化的解决方案。

农业农村部印发的《"十四五"全国农业农村信息化发展规划》明确提到，到 2025 年智慧农业发展迈上新台阶，发展智慧种业、智慧农田、智慧种植、智慧畜牧、智慧渔业、智能农机、智慧农垦，提升农业生产保障能力。

近年来，我国农业现代化进程明显加快，但也面临着资源、环境与市场的多重约束，保障食品安全、生态安全的压力依然存在，确保农民稳定增收的任务越来越重。因此，加快物联网技术在农业中的应用，对促进农业生产方式转变、农民增收有重要意义。

本书在对物联网和农业物联网的相关概念与技术等进行分析的基础上，介绍了物联网在大田种植、设施园艺、畜牧养殖等农业生产中的应用，最后精选了一些典型案例。本书共包括 8 章：物联网、农业物联网、物联网+大田种植、物联网+设施园艺、物联网+畜牧养殖、物联网+水产养殖、物联网+农产品物流、智慧农业典型案例。

由于时间仓促以及编著水平有限，书中难免存在不足之处，欢迎广大读者批评指正！

编者
2023 年 3 月

目录

第一章 物联网 ……………………………………………1
- 第一节 物联网的概念和特点 ……………………………1
- 第二节 物联网的起源与发展 ……………………………5
- 第三节 物联网的体系架构 ………………………………8
- 第四节 物联网与现代农业 ………………………………14

第二章 农业物联网 ………………………………………22
- 第一节 农业物联网概述 …………………………………22
- 第二节 农业物联网的主要技术 …………………………30
- 第三节 农业物联网产业 …………………………………33
- 第四节 农业物联网运营模式 ……………………………38

第三章 物联网+大田种植 ………………………………48
- 第一节 大田种植概述 ……………………………………48
- 第二节 大田种植智能化的发展 …………………………49
- 第三节 物联网技术在大田种植中的应用 ………………52

第四章 物联网+设施园艺 ………………………………59
- 第一节 设施园艺概述 ……………………………………59
- 第二节 设施园艺智能化的发展 …………………………62
- 第三节 物联网技术在设施园艺中的应用 ………………63

第五章 物联网+畜牧养殖 ………………………………75
- 第一节 畜牧养殖概述 ……………………………………75
- 第二节 畜牧养殖智能化的发展 …………………………77
- 第三节 物联网技术在畜牧养殖中的应用 ………………80

第六章　物联网+水产养殖 ························· 88
第一节　水产养殖概述 ····························· 88
第二节　水产养殖智能化的发展 ····················· 89
第三节　物联网技术在水产养殖中的应用 ············· 94

第七章　物联网+农产品物流 ······················· 105
第 一 节　农产品物流概述 ·························· 105
第二节　农产品物流智能化的发展 ··················· 111
第三节　物联网技术在农产品物流中的应用 ··········· 116

第八章　智慧农业典型案例 ························· 127
第一节　江苏盐城盐都现代农业产业园发展有限公司 ······· 127
第二节　湖北未来家园高科技农业股份有限公司 ··········· 133
第三节　黑龙江省七星农场 ··························· 138
第四节　内蒙古蒙牛乳业（集团）股份有限公司 ··········· 144
第五节　四川铁骑力士食品有限责任公司 ················· 149
第六节　宁夏华琳源农牧有限公司 ······················· 153
第七节　重庆市农业科学院鱼菜共生 AI 工厂 ············· 158
第八节　合肥周谷堆大兴农产品国际物流园有限责任
　　　　公司 ······································· 163

参考文献 ·· 168

第一章 物联网

第一节 物联网的概念和特点

一、物联网的概念

提起物联网,人们可能会首先联想到互联网。其实,物联网就是"物物相连的互联网",是将各种信息传感设备,如射频识别装置、红外感应器、全球定位系统、遥感系统、激光扫描器等装置和系统按约定的协议与互联网结合起来而形成的一个巨大网络,其目的是让所有的物品都与网络连接在一起,方便识别和管理。物联网为人们开启了一个全新的时代,让人们享受更多的便利。

物联网是把新一代信息技术充分运用到各行各业中。如果说互联网的"信息高速公路"还只是局限于光纤、基站和上网终端的小循环之间,那么物联网就是将现实的基础设施和信息网络合二为一。同时,具备超强计算能力的计算中心的出现,也使这样一张"巨网"有了有效运作的可能。现在,实体基础设施和信息基础设施正在合为"统一的智慧全球基础设施"。物联网的本质是物理世界和数字世界的融合,这种融合是双向的。

物联网的出现打破了传统思维。过去的思路一直是将实体基础设施和信息基础设施分开:一方面是机场、公路、建筑物,而另一方面是数据中心、个人计算机、宽带等。而在物联网时代，钢筋混凝土、电缆将与芯片、宽带整合为统一的基础设施，在此意义上，基础设施更像是一块新的地球工地，世界的运转都在它上面进行，其中包括经济管理、生产运行、社会管理乃至个人生活。

物联网包含两层意思：第一，物联网的核心和基础仍然是互联网，是在互联网基础上延伸和扩展的网络；第二，其用户端延伸和扩展到了任何物体之间。物联网把"任何时间""任何地点""任何人""任何物"这四者联系起来，为人们的生产和生活提供便捷。

二、物联网的特点

和传统的互联网相比，物联网有其鲜明的特点，主要表现在全面感知、互通互联和智慧运行3个方面。

（一）全面感知

全面感知解决的是人类社会与物理世界的数据获取问题。全面感知是物联网的皮肤和五官，主要功能是识别物体、采集信息。全面感知是利用各种感知、捕获、测量等技术手段，实时对物体进行信息的采集和获取。

实际上，人们在多年前就已经实现了对"物"局域性的感知处理。例如，测速雷达对行驶中的车辆进行车速测量，自动化生产线对产品进行识别、自动组装等。

在信息采集和信息获取的过程中物联网全面感知追求的不仅是信息的广泛和透彻，而且强调信息的精准和效用。"广泛"是指地球上任何地方的任何物体，凡是需要感知的，都可以纳入物联网的范畴；"透彻"是通过装置或仪器，可以随时随地提取、测量、捕获和标识需要感知的物体信息；"精准和效用"是指采用系统和全面的方法，精准、快速地获取和处理信息，将特定的信息获取设备应用到特定的行业和场景，对物体实施智能化的管理。

在全面感知方面，物联网主要涉及物体编码、自动识别技术和传感器技术。物体编码用于给每一个物体一个"身份"，其核心思想是为每个物体提供唯一的标识符，实现对全球对象的唯一有效编码；自动识别技术用于识别物体，其核心思想是应用一定的识别装置，通过被识别物品和识别装置之间的无线通信，自动获取被识别物品的相关信息；传感器技术用于感知物体，其核心思想是通过在物体上植入各种微型感应芯片使其智能化，这样任何物体都可以变得"有感觉、有思想"，包括自动采集实时数据（如温度、湿度）、自动执行与控制（如启动流水线、关闭摄像头）等。

（二）互通互联

互通互联解决的是信息传输问题。互通互联是物联网的血管和神经，其主要功能是信息的接入和信息的传递。互通互联是指通过各种通信网与互联网的融合，将物体的信息接入网络，进行信息的可靠传递和实时共享。

互通互联是全面感知和智慧运行的中间环节。互通互联要求网络具有"开放性"，全面感知的数据可以随时接入网络，这样才能带来物联网的包容和繁荣。互通互联要求传送数据的准确性，这就要求传送环节必须具有更大的带宽、更高的传送速率、更低的误码率。互通互联还要求传送数据的安全性，由于无处不在的感知数据很容易被窃取和干扰，因此要保障网络的信息安全。

互通互联会带来网络"神经末梢"的高度发达。物联网既不是互联网的翻版，也不是互联网的一个接口，而是互联网的一个延伸。从某种意义上来说，互通互联就是利用互联网的"神经末梢"将物体的信息接入互联网，它将带来互联网的扩展，让网络的触角伸到物体之上，网络将无处不在。在技术方面，建设无处不在的网络，不仅要依靠有线网络的发展，还要积极发展无线网络，其中，光纤到路边、光纤到户、无线局域网、卫星定位、短距离无线通信等技术都是支撑网络无处不在的重要技术。

物联网建立在现有移动通信网和互联网等的基础上，通过各种接入设备与通信网和互联网相连。在信息传送的方式上，可以是点对点、点对面或面对点。广泛的互通互联使物联网能够更好地对工业生产、城市管理、生态环境和人民生活的各种状态进行实时监控，使工作和娱乐可以通过多方协作得以远程完成，从而改变整个世界的运作方式。

(三) 智慧运行

智慧运行解决的是计算、处理和决策问题。智慧运行是物联网的大脑和神经中枢，主要包括网络管理中心、信息中心、智能处理中心等，主要功能是信息及数据的深入分析和有效处理。智慧运行是指利用数据管理、数据处理、模糊识别、大数据和云计算等各种智能计算技术，对跨地区、跨行业、跨部门的数据及信息进行分析和处理，以便整合和分析海量、复杂的数据及信息，提升对物理世界、经济社会、人类生活各种活动和变化的洞察力，实现智能决策与控制，以更加系统和全面的方式解决问题。

智慧运行不仅要求物服从人，也要求人与物之间的互动。在物联网内，所有的系统与节点都有机地连成一个整体，起到互帮互助的作用。对于物联网来说，智能处理可以增强人与物的一体化，能够在性能上对人与物的能力进行进一步扩展。例如，当某一数字化的物体需要补充电能时，物体可以通过网络搜索到自己的供应商，并发出需求信号；当收到供应商的回应时，这个数字化的物体能够从中寻找到一个优选方案来满足自我需求；而这个供应商，既可以由人控制，也可以由物控制。这类似于人们利用搜索引擎进行互联网查询，得到结果后再进行处理。具备了数据处理能力的物体，可以根据当前的状况进行判断，从而发出供给或需求信号，并在网络上对这些信号进行计算和处理，这成为物联网的关键所在。

仅仅将物连接到网络，还远远没有发挥出物联网的最大威力。物联网的意义不仅是连接，更重要的是交互，以及通过交互衍生出来的种种可利用的特性。物联网的精髓是实现人与物、物与物之间的相融与互动、交流与沟通。在这些功能中，智慧运行是核心与灵魂。

第二节　物联网的起源与发展

一、物联网概念的发展

一个比较有权威性的说法是物联网起源于 1990 年，施乐公司推出的一种可乐贩卖机。一位程序员发挥专长，将可乐贩卖机连接在网络上，还编写了一套程序监视可乐贩卖机内的可乐数量和可乐冰冻情况。这是最初的物联网形态。

1991 年，物联网作为一个新概念被美国麻省理工学院的 Kevin Ashton 教授提出。他认为"万物皆可通过网络互联"，这也是物联网的基础含义。

1995 年，物联网出现在《未来之路》一书中，该书以文字的形式提出物联网的概念。但是，由于当时受限于 Wi-Fi、硬件、传感器的发展，物联网并没有引起大家的重视。

1999 年，美国麻省理工学院建立了自动识别中心，依托射频识别技术将物联网发展成为一个物流网络。当时，物联网的内涵已经发生了变化。

2004年，物联网作为一个正式的术语出现在书中，并通过媒体被广泛传播。

2008年，第一届国际物联网大会在瑞士举行，物联网设备数量有了大幅度增加。

2013年，Google眼镜发布，这是物联网和可穿戴技术的关键标志之一。

2017年，越来越多的企业开发物联网产品，自动驾驶汽车得以不断改进，人工智能、大数据等技术开始与物联网融合。

2021年，全球物联网总连接数量达到上百亿，年复合增长率超过10%。

物联网的本质是行业信息化。世界各国政府大力推广物联网发展的动力在于寻找新的经济增长点。从长远看，物联网会成为一种新常态，在物流、农业、工业、社区、公共服务领域得到广泛应用，并推动这些领域走向智能化、自动化、数字化。

二、物联网的发展现状

（一）全球物联网发展现状

目前，全球主要国家和地区均在积极推进智慧城市、智慧社会、智能制造等多个领域的物联网项目进行建设试点。随着物联网技术的进一步发展和成熟，未来更多应用将逐渐从单一设备扩展到多终端设备，将对我国经济的持续快速增长和产业转型升级产生重大影响。当前，我国已成为全球最大的消费国和出口国之一，随着我国物联网在全球布局的逐步展开，以及用户对互联网连接速率、成本和功能等需求的不断提升，传感器、控制器、数据通信软件等相关产业将会快速发展。

(二) 我国物联网行业市场现状

物联网正以前所未有的速度扩大规模。我国物联网行业企业也在不断崛起。目前来看，国内主要公司基本集中在智能家居领域和信息通信领域。在众多企业中，除了专注于智能家居领域的上市公司之外，不少公司专注于智能制造和工业互联网领域。总体来看，国内物联网市场集中度较高，大型企业数量较多，目前国内智能家居市场竞争较充分，未来几年内仍然具有较大的发展空间。

(三) 我国物联网行业主要商业模式

物联网产业发展的核心是数据，对大量数据进行分析处理，在此基础上形成智能产品和服务，是产业发展的基础。通过商业模式创新可以加速整个物联网产业的创新升级，形成新产品、新服务等，可以说是未来物联网产业创新的方向之一。因此，在物联网的商业模式创新过程中，需要进行充分的市场调研与分析。当前我国物联网行业发展现状主要包括3个方面：一是各企业对自身优势技术不断进行扩大投资；二是企业对物联网整体解决方案形成良好的品牌认知；三是围绕企业业务场景探索商业模式创新。具体来看主要分为3类：第一类是利用物联网核心技术建立物联网应用平台端到端全网连接；第二类是利用核心技术为企业提供专业服务，如软硬件集成和服务外包等；第三类是利用传统业务数据分析形成相应的产品与服务。

(四) 物联网未来发展趋势

"智能化""平台化"是国内物联网的发展趋势。而要实现"智能化""平台化"的目标必须解决以下2个问题：一是网络的连接速度问题；二是智能网络的服务质量问题。网络的连接速度决定着终端设备的连接速度和服务质量，决定着应用系统的性能和效率，并最终决定着终端设备的使用体验。解决上述2个问题的关键是必须从硬件和软件2个方面入手。

第三节　物联网的体系架构

物联网作为新兴的信息网络技术,对信息技术产业的发展有巨大的推动作用。从系统结构的角度看,人们普遍认同的物联网基本架构是由感知层、网络层和应用层组成的3层架构。

一、感知层

感知层是物联网发展和应用的基础,处于3层架构的最底层,具有物联网全面感知的核心能力。作为物联网最基本的一层,感知层具有十分重要的作用,它由数据采集子层、短距离通信技术和协同信息处理子层组成。

感知层主要实现智能感知功能,是物联网伸向物理世界的"触角",也是海量信息的主要来源,是应用服务的基础。从技术上讲,主要包括物联网数据信息的采集、捕获、物体识别等环节,并形成前端的自组织网络和智慧的感知。

感知层的主要技术包括以下6种。

（一）传感器技术

传感器是摄取信息的关键器件,它是物联网中不可缺少的信息采集手段。传感器是一种检测和信息采集装置,能感受到被测的信息,并将信息转换成计算机系统能识别的信息形式。常见的传感器有压力传感器、温度传感器、湿度传感器、光传感器、磁性传感器等。

（二）射频识别技术

射频识别技术是通过无线电信号识别特定目标并读/写相关数据的无线通信技术。在国内,射频识别技术已经在身份证、电子收费系统和物流管理等领域有了广泛应用。射频识别技术市场应用成熟，标签成本低廉，但射频识别技术一般不具备数据采集功能，多用来进行物品的甄别和属性的存储，且在金属和液体环境下应用受限。

（三）蓝牙技术

蓝牙技术是一种短距离、低功耗的无线传输技术，支持点到点、点到多点的话音和数据业务，可以实现不同设备之间的短距离无线互联。在室内安装适当的蓝牙局域网接入点，把网络配置成基于多用户的基础网络连接模式，并保证蓝牙局域网接入点始终是这个微微网的主设备，就可以获得用户的位置信息，实现利用蓝牙技术定位的目的。

（四）无线定位技术

无线定位技术通过对接收到的无线电波的一些参数进行测量，根据特定的算法判断出被测物体的位置，测量参数一般包括传输时间、幅度、信号相位和到达角等。基于网络的定位，采用多个地理定位基站（Ground Based Station，GBS）来确定移动电台（Mobile Station，MS）的位置，通过分析接收信号强度、信号相位及到达时间等属性来确定 MS 的距离，MS 的方向则通过接收信号的到达角获得，系统根据每个接收器测量到的移动终端的距离及方向来联合计算移动终端的位置。

（五）嵌入式技术

如果说之前互联网上大量存在的设备主要以通用计算机（如大型机、小型机、个人计算机等）的形式出现，那么物联网的目的则是让所有物品都具有计算机的智能但并不以通用计算机的形式出现，并把这些"聪明"了的物品与网络连接在一起，这就需要嵌入式技术的支持。嵌入式技术是计算机技术的一种应用，该技术主要针对具体的应用特点设计专用的计算机系统——嵌入式系统。嵌入式系统以应用为中心，以计算机技术为基础，并且软硬件可量身定制，它适用于对功能、可靠性、成本、体积、功耗有严格要求的专用计算机系统。嵌入式系统通常嵌入在更大的物理设备当中而不被人们所察觉，如手机，甚至空调、微波炉、冰箱中的控制部件都属于嵌入式系统。

（六）二维码技术

二维码技术是用特定的几何图形按一定规律在平面（二维方向）上分布的黑白相间的矩形方阵记录数据符号信息的新一代条码技术。二维码由二维码矩阵图形、二维码号以及下方的说明文字组成。通过专用读码设备或者智能手机，就能读取二维码中的大量信息。二维码技术具有信息量大、纠错能力强、识读速度快、全方位识读等特点。与射频识别技术相比，从一维码切换到二维码除了印刷成本外，几乎不需要增加成本。

二、网络层

物联网的发展是建立在其他网络发展的基础上的，特别是三网融合中的三网（电信网、广播电视网、互联网），还包括通信网、卫星网、行业专网等。网络层将来自感知层的各类信息通过基础承载网络传输到应用层，网络层中的感知数据管理与处理技术是实现以数据为中心的物联网的核心技术。感知数据管理与处理技术包括物联网数据的存储、查询、分析、挖掘、理解及基于感知数据决策和行为的技术。

网络层位于整个物联网体系的中间位置，其主要技术包括Internet技术、移动通信网技术、无线传感器网络技术等。

（一）Internet技术

Internet技术就是我们常说的互联网技术，是把分布于世界各地不同结构的计算机网络用各种传输介质互相连接起来形成一个网络的技术。

(二) 移动通信网技术

移动通信网技术是以无线电波为依托向通信用户提供实时信息传输的技术,以保障在覆盖区或服务区内的个体移动通信顺畅。该技术领域主要包括无线数字传输技术、路由器技术、网络管理以及终端业务服务等方面的技术。

(三) 无线传感器网络技术

无线传感器网络技术是传统传感技术和网络通信技术的融合,通过将无线网络节点附加采集各种物理量的传感器而成为兼有感知能力和通信能力的智能节点,是物联网的核心支撑技术之一。

三、应用层

应用是物联网发展的驱动力和目的。应用层的主要功能是对感知和传输来的信息进行分析和处理,做出正确的控制和决策,实现智能化的管理、应用和服务。这一层解决的是信息处理和人机交互的问题,网络层传输而来的数据在这一层进入各行各业、各种类型的信息处理系统,并通过各种设备与人进行交互。

应用层位于整个架构的最上层,是物联网架构中的关键结构。应用层主要包括服务支撑子层和应用子集层。服务支撑子层的主要功能是根据底层采集的数据,形成与业务需求相适应、实时更新的动态数据资源库;应用子集层的主要功能是把感知和传输来的信息进行分析和处理,做出正确的控制和决策,实现智能化的管理、应用和服务。

物联网的应用可分为监控型(如环境监控、物流监控)、查询型(如智能检索、远程抄表)、控制型(如智能交通、智能家居、路灯控制)、扫描型(如手机钱包、高速公路不停车收费)等。

应用层的主要技术包括以下 4 种。

(一) 云计算

云计算概念是由 Google 公司提出的,这是一个"美丽"的网络应用模式,是指信息技术(IT)基础设施的交付和使用,通过网络以按需、易扩展的方式获得所需的资源。云计算是并行计算、分布式计算和网格计算的发展,或者说是这些计算机科学概念的商业实现。云计算代表了手提计算机(HPC)从科学计算到大众化商业应用的变迁,使以前最"烧钱"和不赚钱的超级计算产业变成了最赚钱和省钱(充分利用现成的 CPU 的计算能力)的生意。云计算使以前的"计算中心"边缘化,而使"数据中心"成为主流。

(二) 人工智能

人工智能是研究让计算机来模拟人的某些思维过程和智能行为(如学习、推理、思考、规划等)的学科,主要包括计算机实现智能的原理、制造类似于人脑智能的计算机,使计算机能实现更高层次的应用。人工智能涉及计算机科学、心理学、哲学和语言学等学科,可以说涉及自然科学和社会科学的几乎所有学科,其范围远远超出了计算机科学的范畴。人工智能与思维科学的关系是实践与理论的关系,人工智能是处于思维科学的技术应用层次,是它的一个应用分支。从思维观点看,人工智能不只限于逻辑思维,更要考虑形象思维、灵感思维,才能促进人工智能的突破性发展。数学常被认为是多种学科的基础科学,数学已进入语言、思维领域,人工智能学科也必须借用数学工具,它们将互相促进而更快地发展。

(三) 数据挖掘

在人工智能领域,数据挖掘习惯上又被称为数据库中的知识发现（Knowledge Discovery in Database，KDD），也有人把数据挖掘视为数据库中知识发现过程的一个基本步骤。知识发现过程由3个阶段组成，即数据准备、数据挖掘及结果表达和解释。数据挖掘可以与用户或知识库交互。

并非所有的信息发现任务都被视为数据挖掘。例如，使用数据库管理系统查找个别的记录，或通过互联网的搜索引擎查找特定的 Web 页面，则是信息检索（Information Retrieval）领域的任务。虽然这些任务是重要的，可能涉及使用复杂的算法和数据结构，但是它们主要依赖传统的计算机科学技术和数据的明显特征来创建索引结构，从而有效地组织和检索信息。尽管如此，数据挖掘技术也有用来增强信息检索系统的能力。

(四) 射频识别（RFID）中间件

RFID 中间件是系统获取信息、处理信息和传递信息的核心部分，是连接读写器和企业应用程序的纽带，在物联网初期提出时被称作 Savant（一种分布式网络软件）。它主要对标签数据进行过滤、分组、计数、转发，以提高发往信息网络系统的数据质量，防止误读、漏读、多读信息。RFID 中间件的核心组成是事件管理器和信息服务器。事件管理器负责采集、过滤读写器收集的 EPC（设计、采购、施工）相关信息，并转发给其他应用；信息服务器提供事件管理器与企业信息系统之间的集成，存储事件管理器提交的数据信息，提供访问接口。

RFID 中间件技术拓展了基础中间件的核心设施和特性，将企业级中间件技术延伸到了 RFID 领域，是 RFID 产业链的关键技术。RFID 中间件屏蔽了 RFID 设备的多样性和复杂性，能够为后台业务系统提供强大的支撑，从而驱动更广泛、更丰富的 RFID 应用。RFID 中间件技术重点研究的内容包括并发访问技术、目录服务技术和定位技术、数据和设备监控技术、远程数据访问和安全及集成技术、进程和会话管理技术等。

第四节　物联网与现代农业

一、现代农业

（一）现代农业的形成

按农业生产力性质和水平划分，农业发展可以划分为原始农业、传统农业和现代农业3个阶段。其中，现代农业属于农业的最新阶段。

1. 原始农业

原始农业是指从新石器时代到铁器工具出现以前的农业，总体上是自然状态下的农业。原始农业处于农业的萌芽时期，但人类已开始由顺应自然到积极地干预自然，由获取自然界现存食物到有目的地生产人类所需要的食品，尤其是开始了对野生动植物的驯化，实现了采集向种植业、狩猎向畜牧业的转变。原始农业以刀耕火种为基本生产方式，运用木、石等简单工具，火与水等生产手段在一定程度上得以应用，"饭稻羹鱼，或火耕而水耨。"耕作方式主要通过撂荒自然恢复地力，农田在大部分时间仍被自然植被所控制，劳动者的技能来自有限的经验积累，生产基本上只有种和收2个环节（相传"后稷教民稼穑"，稼即是播种，穑即是收割），土地利用率和农业劳动生产率低下。生产力各要素处于自然状态，人类对农业生态系统的干预能力很小。

2. 传统农业

传统农业是指从铁器工具的使用到工业化以前的农业，经历了2 000多年时间，基本上是自给自足的农业。这一时期，人类在冶铁术和畜力使用的基础上发明了耕犁，大量采用畜力并开始采用半机械化生产工具，创造了通过人工施用有机肥提高土壤肥力的办法，发明了改善农作物和牲畜性状的技术，创立了间作、套种等轮作复种制度，劳动者越来越多地从自然科学及其研究成果中获得相应技能，利用和改造自然的能力有了提高。但这一阶段的农业"完全以农民世代使用的各种生产要素为基础"，生产要素在封闭的体系内流动配置，主要靠农业内部的能量和物质循环来维护平衡，生产方式基本上是维持简单再生产，长期发展缓慢。

3. 现代农业

现代农业是指从工业革命以来形成的农业，是逐步走向商品化、市场化的农业。这一阶段，农业在市场经济框架下，广泛运用现代工业成果和科技、资本等现代生产要素，农业从业人员不断减少，但农业劳动者具有较多的现代科技和经营管理知识，农业生产经营活动逐步专业化、集约化、规模化，农业劳动生产率得到大幅度提高。

（二）现代农业的特征

1. 市场化程度日趋成熟

市场经济体制是现代农业发展的制度基础。在这一时期，产品生产的主要目的不在于自给，而在于为市场提供商品以实现利润最大化。市场机制在资源配置中起着主导作用，市场体系日益完善，农业从生产成果到手段普遍商品化，除了农业最终产品即各种农产品外，各种中间产品、劳务和消费品以及其他农业生产要素，包括各种农业机械、农用化学品、良种及兽医服务等，都进入农业交换领域，甚至农民的生活消费也普遍成为商品性消费，农产品商品率得到前所未有的提高，农业打破了内部物质循环的局限性，进而实现物质的开放式循环，从自给农业发展为市场化农业。

2. 工业装备普遍采用

工业装备是现代农业的硬件支撑。随着现代工业的发展，在农业生产的各个环节播种机、脱粒机、饲草收割机、水利灌溉设备等现代机械逐步取代人力、畜力及手工工具。尤其是20世纪80年代以后，拖拉机和配套农具广泛使用，欧美等发达国家和地区先后实现农业机械化、电气化、联合化。目前，农业机械与计算机、卫星遥感等技术结合，新型材料、节水设备和自动化设备广泛应用于农业生产。农田水利化、农地园艺化、农业设施化以及交通运输、能源传输、信息通信等的网络化、现代化成为现代农业发展的基本趋势。

3. 先进科技广泛应用

先进的科技是现代农业发展的关键要素。19世纪中叶农业化学技术得到发展，欧洲率先突破只施用有机肥的传统，开始大量使用化肥；20世纪中叶部分国家进行了以杂交玉米、杂交小麦、杂交水稻为主的"绿色革命"；之后生物技术和信息技术也逐步渗透到农业种质资源、动植物育种、作物栽培、畜禽饲养、土壤肥料、植物保护等各个领域，农业科研的领域和范围不断扩大，农业生产的深度和广度不断拓展，农业的可控程度大大提高，出现了"精准农业"等全新的农业发展模式。农业增产的60%~80%依靠科技进步来实现。与科技应用相适应，农业劳动者素质也得到普遍提高，先进的科技不断从潜在生产力转化为现实生产力，正成为推动现代农业发展的强大动力。

4. 产业体系日臻完善

完善的产业体系是现代农业的重要标志。与现代生产手段、生产技术相适应，农业发展突破了传统的产加销脱节、部门相互割裂、城乡界限明显等局限性，普遍通过"农民专业合作社+农户（家庭农场）"等生产组织形式，使农产品的生产、加工、销售等各环节走向一体化，农业与工业、商业、金融、科技等领域相互融合，城乡经济协调发展，农业产业链条大大延伸，农产品市场半径大为拓展，逐步形成了农业专业化生产、企业化经营、社会化服务的格局。

5. 生态环境受到重视

注重农业经济与生态环境的协调发展，是现代农业发展的基本趋势。现代农业以化学物质的使用和能源（主要是石油）的大量消耗为开端，其发展虽然取得了巨大成就，但也带来了资源破坏、环境污染等突出问题。近年来，世界各国在农业发展中更加注重生态环境的治理与保护，重视土、肥、水、药和动力等生产资源投入的节约和使用的高效化，在应用自然科学新成果的基础上探索出"有机农业""生态农业"等农业发展模式。农业的可持续发展已经受到广泛的关注和重视，正成为全球农业发展的新理念和新趋势。

在世界农业发展进程中，现代农业无论是在农业生产力发展还是在农业生产关系调整方面，都展示了渐进演变的历史过程，体现了现代农业的历史性；无论是在生产手段、生产技术还是在生产经营的组织管理方面都实现了整体进步，体现了现代农业的综合性；无论是在发展目标定位还是在基本路径选择方面，都反映了世界各国农业发展的趋势，体现了现代农业的世界性。正确认识和把握这些特点和规律，对加快建设现代农业具有重要的现实意义。

（三）现代农业与传统农业的比较

1. 经营目标不同

传统农业生产技术落后，生产效率低下，农民抵御自然灾害的能力非常有限，农业生产受自然环境的影响较大，"靠天吃饭"的现象比较普遍。为了预防自然灾害给人们生存带来的威胁，农民尽量地多生产、多储备粮食以备不测，即以产量最大化为其生产目标，而增产的主要手段是加大劳动投入。现代农业的经营目标是追求利润的最大化，即以一定的投入获取最大限度的利润。因为现代农业像现代企业一样，雇主要向被雇佣者支付工资，只有劳动的边际收益大于工资时，雇主才有利可图，才会增加劳动投入。所以，传统农业要过渡到现代农业，就必须将农业生产的目标由满足自给性消费的产量最大化转变为商品性生产的利润最大化。而完成这一转变的首要条件是农业劳动力比重的下降和农业人口压力的缓解，在巨大的农业人口的压力下，农业生产目标由传统到现代化的转变是不可能实现的。

2. 技术含量不同

农业领域的技术进步是通过凝结着先进技术的现代农业要素的不断投入来实现的。传统要素是从农业部门内部和大自然中获取的，技术含量低，且长期处于停滞状态，国家对农业的投入较少，农业生产所需的劳动力数量较多。在这种人地矛盾十分突出的状态下，农业机械的使用反而会进一步加剧这种矛盾。所以，在传统农业社会中，农业机械的应用和推广往往受到抑制。而现代农业是用现代科学技术武装起来的农业，其要素大都是由农业部门外部的现代化工业部门和服务部门提供的。现代农业要素投入的增加和农业现代科学技术含量的提高意味着农业部门劳动力容量的减少。所以，农业现代化与工业化和农业人口的战略转移是密不可分的。

3. 经营规模不同

现代农业的明显标志之一就是它的规模效益，主要原因包括以下 4 个。

第一，现代农业是经营者追求利润最大化的农业。这一目标在小规模或超小规模的以满足自给性消费为目的的传统农业基础上是不可能实现的,而必须在较大的经营规模上,农民摆脱生产者的生存压力,把利润最大化作为自己的追求目标才能实现。

第二,现代农业是高收入的农业。纵观世界发达国家,农民都是比较富裕的阶层,收入很高,而这种高收入必须建立在较大农业经营规模之上。

第三,现代农业是农产品高商品率的农业。衡量一个国家农业的发展水平,关键看它农产品的商品率,而农产品的商品率必然与较大的农业经营规模相联系。

第四,现代农业是高技术农业。传统农业主要是利用人力和畜力,而现代农业是利用现代机械技术、现代生物化学技术和现代管理技术武装起来的农业。特别是大型农业机械的应用必须有较大规模的作业空间,因此也需要较大的农场规模。

二、物联网在现代农业中的应用

物联网在农业领域的广泛应用,既是智慧农业发展的重要内容,也是现代农业发展的强大技术支撑。同时,智慧农业的发展也将为物联网技术在农业领域的应用提供无限广阔的市场。

(一)物联网技术引领现代农业发展方向

智能装备是农业现代化的一个重要标志,物联网等技术是实现农业集约、高效、安全的重要支撑。在农业中广泛应用这些技术,可保证农业生产资源、生产过程、流通过程等环节的信息被实时获取和共享,以保证农业的产前规划正确以提高资源的利用效率;农业生产中精准化管理可提高生产效率,从而实现节本增效;产后农产品可实现高效流通,同时农业物联网技术安全追溯的功能也可实现。这些技术将会解决一系列关于广域空间信息的获取、高效可靠的信息传输与互联、面向不同应用需求和不同应用环境的智能决策系统集成等的科学技术问题,也将是促进传统农业向现代农业转变的助推器和加速器,也将为与物联网农业应用相关的新兴技术和服务产业的发展提供无限的商机。农业物联网在提升农业智慧化水平、推动农业现代化的进程中具有广阔的应用前景。

(二) 物联网技术推动农业信息化、智能化

物联网使用各种感应芯片和传感器,广泛地采集人和自然界的各种属性信息,然后借助有线、无线和互联网络,实现各级政府管理者、农民、农业科技人员等"人与人"的联结,甚至实现土、肥、水、气、作物、仓储和物流等"人与物"的联结以及农业数字化机械、自动温室控制、自然灾害监测预警等"物与物"之间的联结,并促进即时感知、互通互联和高度智能化的实现。

(三) 物联网技术提高农业精准化管理水平

从农产品生产的不同阶段来看,从农作物准备种植阶段到农产品收获阶段均可被纳入物联网技术来提高生产者的工作效率和精准化管理水平(图1-1)。

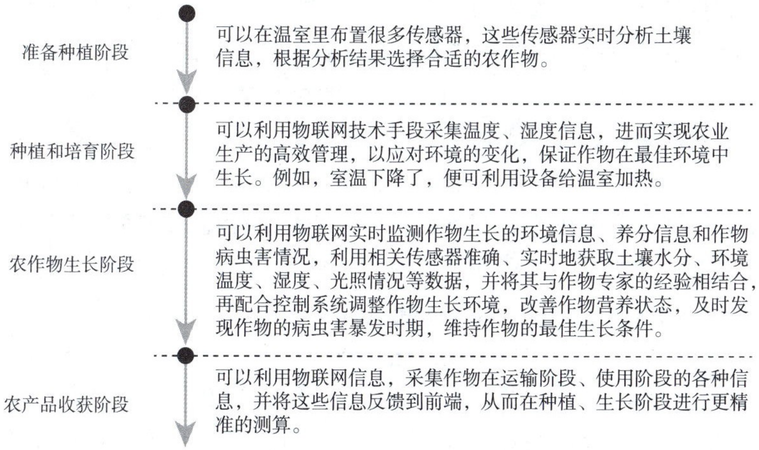

准备种植阶段	可以在温室里布置很多传感器,这些传感器实时分析土壤信息,根据分析结果选择合适的农作物。
种植和培育阶段	可以利用物联网技术手段采集温度、湿度信息,进而实现农业生产的高效管理,以应对环境的变化,保证作物在最佳环境中生长。例如,室温下降了,便可利用设备给温室加热。
农作物生长阶段	可以利用物联网实时监测作物生长的环境信息、养分信息和作物病虫害情况,利用相关传感器准确、实时地获取土壤水分、环境温度、湿度、光照情况等数据,并将其与作物专家的经验相结合,再配合控制系统调整作物生长环境,改善作物营养状态,及时发现作物的病虫害暴发时期,维持作物的最佳生长条件。
农产品收获阶段	可以利用物联网信息,采集作物在运输阶段、使用阶段的各种信息,并将这些信息反馈到前端,从而在种植、生长阶段进行更精准的测算。

图1-1 不同阶段实施的精准化管理策略

(四) 物联网技术提高效率、节省人工

现实操作中,生产者要对各大棚的作物进行浇水、施肥、手工加温、手工卷帘,这需要耗费大量的时间和人力。如果农场应用了物联网技术,生产者手动控制鼠标操作计算机即可完成对作物生长过程的监测,那么人力将获得极大解放。

(五) 物联网技术保障农产品和食品安全

农产品和食品流通领域集成应用电子标签、条码、传感器网络、移动通信网络和计算机网络等农产品和食品溯源系统,可推动农产品的质量跟踪、溯源和可视数字化管理的实现。该系统智能监控农产品从田间到餐桌、从生产到销售的全过程,可实现农产品和食品质量安全信息在不同供应链主体之间的无缝衔接,不仅促进农产品和食品的数字化物流的实现,也可大大提高农产品和食品的质量。

第二章 农业物联网

第一节 农业物联网概述

一、农业物联网的概念

农业物联网，是在大棚或大田、果树等控制系统中，运用物联网系统的温度传感器、湿度传感器、酸碱性传感器、光传感器、二氧化碳传感器等设备，检测环境中的温度、相对湿度、酸碱度、光照强度、土壤养分、二氧化碳浓度等物理参数，通过各种仪器、仪表实时显示或作为自动控制的参变量参与到自动控制中，保证农作物管理精准化，从而有一个良好的、适宜的生长环境的新技术。

二、农业物联网的意义

农业物联网一般是使用大量的传感器节点构成监控网络，通过各种传感器采集信息，以帮助农民及时发现问题，并且准确地确定发生问题的位置，这样农业将逐渐地从以人力为中心、依赖于孤立机械的生产模式转向以信息和软件为中心的生产模式，从而大量使用各种自动化、智能化、远程控制的生产设备。

农业物联网远程控制技术可以使技术人员在办公室就能对多个大棚的环境进行监测控制。

采用农业物联网无线网络技术测量获得作物生长的最佳条件，可以为温室精准调控提供科学依据，达到增产、改善品质、调节生长周期、提高经济效益的目的。

三、农业物联网的应用范围

物联网技术在现代农业领域的应用很多，如农业生产环境信息的监测与调控，农产品质量的安全溯源，动、植物的远程诊断，农业信息化，农业大棚标准化生产监控，农业自动化节水灌溉等。

（一）农业生产环境信息监测与调控

农业大棚、养殖池及养殖场内设置了温度、湿度、pH 值、二氧化碳浓度等无线传感器及其他智能控制系统，这些系统利用无线传感器网络实时监测温度、湿度等变化来获得作物、动物生长的最佳条件，为大棚、养殖场精确调控参数提供科学依据。同时，这些参数通过移动通信网络或互联网被传输至监控中心，形成数据图，农业人员可随时通过手机或计算机获得生产环境的各项参数，并根据参数变化，适时调控灌溉系统、保温系统等基础设施，从而获得动植物生长的最佳条件；参数实时在线显示，真正实现"在家也能种田和养殖"的目标。

（二）农产品质量安全溯源

农产品质量安全事关人民健康和生命安全，事关经济发展和社会稳定，农产品的质量安全和溯源已成为农产品生产中一个广受关注的热点。农业生产应用物联网技术可加强对农产品整个生产流程的监管，将食品安全隐患降至最低，为食品安全保驾护航。

目前，国内已出现"食品安全溯源系统"，该系统集成应用电子标签、条码、传感器网络、移动通信网络和计算机网络等技术，实现农产品质量跟踪和溯源，它主要由企业管理信息系统、农产品质量安全溯源平台和超市终端查询系统等功能块组成。消费者可通过电子触摸查询屏和带条码识别系统的手机查询农产品生产者或与质量安全相关的信息，也可上网查询了解更详细的农产品质量安全信息，从而实现农产品从生产、加工、运输、储存到销售整个供应链的全过程质量追溯，最终形成"生产有记录、流向可追踪、信息可查询、质量可追溯"的农产品质量监督管理体系。

（三）农业信息化

农业生产智能管理系统在各个农作物领域应用传感器，比如土壤水肥含量传感器、动物养殖芯片、农产品质量追溯标签等，自动采集数据，为生产者的科学预测和管理提供依据。

（四）动、植物远程诊断

农村偏远山区普遍存在种养殖分散、作物病虫害及畜禽病害发生频繁、基层植保及畜牧专家队伍少、现场诊治不方便等问题，而物联网技术可解决上述难题。

大唐电信科技股份有限公司推出了针对农业种植、养殖生产过程监控和灾害防治专项应用的无线视频监控产品——农业远程诊断系统。该系统由前端设备、4G/5G 无线通信传输网络、专家诊断平台和农业专家团队构成。前端设备支持多种传感器接口，同时支持音频、视频流功能，可以有效地为农业专家提供第一手的现场专业数据。此外，农业专家还可通过 PC 终端登录该系统，实现远程控制灌溉等操作，这为农村、农业领域缺乏专家的问题提供了解决思路。

（五）农产品储运

在农产品的储运过程中，储运环境（温度、湿度等）与农产品的品质变化密切相关。我国水果、蔬菜等农副产品在采摘、运输、储存等环节上的损失率为25%~30%，而发达国家的水果、蔬菜损失率则在5%以下。如果能实时监测储运过程中的环境条件，农产品品质就能得到保证，经济损失也会减少。物联网技术可应用于各个分散的传感器中，以实时监测环境中的温度、湿度等参数，并动态监测仓库或保鲜库的环境；在农产品运输阶段可根据位置信息查询和通过视频监控运输车辆等方式及时了解车厢内外的情况，调整车厢内的温度、湿度，同时还可以对车辆进行防盗处理，一旦车辆出现异常则可自动报警。

（六）农业自动化节水灌溉

利用传感器感应土壤的水分状况并控制灌溉系统以实现自动节水节能，具有高效、低能耗、低投入、多功能的农业节水灌溉平台。农业灌溉是我国用水较多的领域，其用水量约占全国总用水量的70%。据统计，因干旱我国粮食每年平均受灾面积达2 000万公顷（1公顷 = 10 000米^2），损失的粮食占全国因灾减产粮食的50%。长期以来，由于技术、管理水平落后，灌溉用水的浪费十分严重，农业灌溉用水的利用率仅为40%。如果农业生产应用先进技术，通过监测土壤墒情信息实时控制灌溉时机和水量，便可以有效提高用水效率。但人工定时测量墒情，不但人力耗费巨大，也做不到实时监控；采用有线测控系统，则需要较高的布线成本，不便于扩展，而且给农田耕作带来不便。因此，一种基于无线传感器网络的节水灌溉控制系统便出现了，该系统主要由低功耗无线传感器网络节点通过 ZigBee 自组网方式构成，避免了有线测控系统布线的不便、灵活性较差的缺点，从而实现了土壤墒情的连续在线监测。农田节水灌溉的自动化控制既可提高灌溉用水利用率，缓解我国水资源日趋紧张的矛盾，也可为作物生长提供良好的环境。

四、国内外农业物联网现状

物联网是世界公认的继计算机、互联网之后的世界信息产业第三次浪潮,随着世界各国政府对互联网行业的政策倾斜和企业的大力支持与投入,物联网产业被快速催生。国内外数据显示,物联网已经渗透到每一个行业领域,物联网不是科技狂想,而是又一场科技革命。

自物联网概念被提出,欧美的一些发达国家和地区就开展了农业与物联网技术相融合的研究,经过20多年的发展,已经取得了一定成果,如利用卫星对土地利用情况进行实时监测,将监测信息发送到检测人员手中,运用信息融合手段做出正确的决策,可以对大面积土地做出农业规划。法国使用气象卫星和通信卫星对自然灾害进行提前预测,对病虫害进行预报,并建立农业监测系统,指导施肥、喷药,解放了农业劳动力,提高了农产品产量。

我国政府工作报告中多次提到物联网技术的应用,2013年农业部在上海、天津等地选择建立试验基地,同时多省政府部门和企业展开相关研究,物联网相关技术逐渐面世,农业物联网的应用逐渐出现在大众视野中。例如,为提高种植效率,山东省兰陵县在现代农业示范园引进了浙江托普农业物联网技术,在其所建设的蔬菜大棚中全部安装农业物联网监测设备,通过农业物联网技术实时监测大棚蔬菜温度、湿度、光照、二氧化碳浓度等生长环境,根据产生的智能监测信息对蔬菜进行精准管理,通过无线传感器对温室环境进行自动调节,温度高了则自动开启风机等设备进行降温,通过土壤湿度传感器实现自动控制灌溉,该浇水的时候浇水,该施肥的时候施肥,完全实现自动化种植,促进有机高效农业发展。

五、农业物联网面临的问题

（一）成本较高，投入与收入不成正比

农业物联网主要使用设备是传感器，但土壤湿度传感器、温度传感器等设备的价格昂贵，且需要各类传感器以实现对大棚中的各因素实时把控，并需要经常维护保养，而维修人员服务费用较高，因此想要引进物联网，就需要投入大量资金，但蔬菜走的是薄利多销的销售路线，销售所得利润较低，利润和投入明显不成正比，致使很多农民不愿意使用物联网，使物联网不能实现全面覆盖。

（二）缺少系统的应用标准

蔬菜的品种多种多样，每种蔬菜对环境的需求都不一样，传感器只能传回数据信息，却缺乏系统的对比标准，且不同品牌的传感器传回的数据信息存在差异，导致物联网不能被大棚种植户广泛使用，影响我国物联网的发展。

（三）产品技术有限

现在我国物联网产品不够灵敏、自动化程度较低，且售卖价格昂贵、缺乏系统的应用标准，设备经常故障，维修人员不能及时解决，影响农民使用物联网的积极性。

（四）物联网体系不完善

物联网体系尚不完善，如果产品出现问题，将影响整个物联网系统的功能，不及时维修会导致巨大损失。缺少物联网人才，产品厂家的维修人员有限，不能及时解决产品问题，且因缺少维修人员，服务费用高，导致物联网不能实现全面覆盖。

（五）缺少技术人才

我国有物联网专业的大学较少，农业物联网对学生的要求很高，不仅要求其掌握农业知识，还要对电子信息技术和传感技术

等熟练掌握，而且大多数学校缺少专业的师资力量，缺少足够的财力建造专业的教学基地，这限制了学校对农业物联网技术人才的培养，使物联网人才短缺，无法解决农业物联网的相关问题。

六、农业物联网发展对策

针对上面提到的农业物联网面临的种种挑战和需求，我国农业物联网的发展对策需要"对症下药"，根据我国各项农业物联网的薄弱环节有针对性地采取相应的对策进行解决。

（一）加快基础技术研发

坚持自主研发，增强其独特的创新能力，积极吸收国际先进经验和科研成果。在核心技术方面，如果想取得国际话语权，必须提高我国农业物联网的核心技术和产品创新能力，在信息感知和信息传输等核心技术方面取得重要突破，在推进农业物联网技术应用的同时，应加快基础技术研发，深入研究传感机制与产品研发，加快研制适应我国农业现状的相关物联网产品，提升我国自主研发水平及能力，整体提升我国农业物联网产业的发展水平。基于目前我国农业物联网的发展情况，对于难度较大的技术要加快引进的速度，对于短板技术要提升自主研发的能力。加快传感识别、数据汇集、智能分析技术研究，集中研究生产出一批成本低廉、适应性强、可靠性高和功耗小，并且能自动识别农业物理信息和动物行为信息的智能传感器。与此同时，也要加快建立技术检测中心，对农业物联网技术产品进行技术性、稳定性、准确性、可靠性及环境测试能力等指标的权威测试，再投入市场，由此确保使用过程中的安全及农产品的食品安全问题。

（二）技术升级转为效益提升，优化创新制度体系

农业物联网的前期投入资金较大，并且回款期长，因此很多农业企业和农户都由于资金薄弱而不敢尝试，严重制约了我国农

业物联网的推广进程。农业的投入风险增加问题,应主要从3个方面进行解决。一是在物联网技术产品供应方面,应该研究如何降低设备成本、设备性投入,尽量让科技适应当前的设施条件与发展水平。二是在用户使用方面,应紧密结合农产品生产效益,在通过技术提高效益与投入成本之间进行较好的权衡。三是在政府管理方面,应努力发挥引导作用,充分利用好政府补贴资金,做好相关的技术引导和示范作用。放活土地经营权,完善人才队伍建设,让农民以土地经营权入股的形式,将土地流转集中到种植大户或农业企业手中,提高农业产量和抗风险能力。深化金融制度改革,要加快完善相关优惠政策体系,加大对重点领域关键项目的资金投入力度。加快完善农业物联网技术产品补贴政策,制定降低农村电信费用、农民上网费用等补贴政策,从而引导更多的电信运营商、IT企业、科研院所等社会涉农力量进入农业物联网领域。逐步形成政府引导下的投资主体多元化、运行维护市场化的运行模式,确保农业物联网的发展基础牢靠。

(三) 建立创新型风险管理系统

在供给侧结构性改革的背景下,构建以农业物联网为切入点的农业物联网风险管理机制,可以从"互联网+"思维的形成、政府政策协同2个层面来看。首先,"互联网+"思维能够为农业风险管理体系开辟新的创新途径,互联网与农业的持续融合将有助于提高农民的整体素质,作为农业生产活动的主体,农户需要积极学习物联网操作技术及信息环境下的农业生产所面临的风险应对知识,不断提高现代农业下的农民综合素质,保障农业供给侧结构性改革。其次,政府政策协同驱动农业物联网风险管理机制的构建,对物联网在应用过程中风险问题的解决具有重要的意义。为了建设具有应变功能、低成本、智能的物联网风险管控平台,需要政府协助调动研究人员及农业创新服务企业的加入,充分让风险管理系统集成共享资源,形成有效供给。

(四)加强人才培养,提高农业从业人员的素质

农业物联网技术发展与应用的关键是人才,为了理解和学习物联网技术,需要加强农民的农业技能,扩大劳动力队伍,着力培养物联网专业技术人才;农业物联网推广部门联合高等院校、科研院所和相关企业对农户进行多方位的技能培训,为农业互联网的健康发展提供人才支撑。

第二节 农业物联网的主要技术

农业物联网的技术主要包括农业信息感知技术、农业信息传输技术、农业信息处理技术。

一、农业信息感知技术

农业信息感知技术是指利用农业传感器、RFID、条形码、全球定位系统(Global Positioning System,GPS)、遥感(Remote Sensing,RS)等,随时随地收集和获取农业领域物体信息的技术。

(一)农业传感器技术

农业传感器技术是农业物联网的核心,农业传感器主要用于收集各种农业因素的信息,包括种植业的光、温度、水、肥料和气体等参数,畜牧养殖中的有害气体含量、空气粉尘、水滴和气溶胶浓度、温度、湿度等环境指标,水产养殖中的溶解氧、pH值、氨、电导率、浊度等参数。

(二)RFID 技术

RFID 技术利用射频信号通过空间耦合(替换磁场或电磁场)实现非接触式信息传输,并通过传输的信息实现对目标的自动识别。

(三)条形码技术

条形码技术是集条形码理论、光电技术、计算机技术、通信技术和条形码印刷技术于一体的自动识别技术。条形码技术广泛用于农产品的质量追溯。

(四) GPS 技术

GPS 指术是指利用卫星在全球范围内进行实时定位、导航的技术。利用该系统,用户可在全球范围内实现全天候、连续、实时的三维导航定位和测速。另外,利用该系统用户还能进行高精度的时间传递和精密定位。GPS 技术在农业上对农业机械田间作业和管理具有导航作用。

(五) RS 技术

RS 技术利用高分辨率传感器,通过收集分布在地面上的作物的光谱反射或辐射信息,全面监测作物生长周期,并根据光谱信息进行空间位置分析,为处方农业提供大量的田间时空变化信息。RS 技术主要用于监测作物的生长、水分、营养和产量。

二、农业信息传输技术

农业信息传输技术通过传感设备连接农业传输网络,并使用有线和无线通信网络随时随地进行高度可靠的信息交流和共享。农业信息传输技术可分为无线传感器网络技术和移动通信技术。

(一) 无线传感器网络技术

无线传感器网络(Wireless Sensor Networks,WSN)是一种分布式传感网络,由部署在监测区域内大量的传感器节点组成,通过无线通信方式形成的一个多跳的自组织的网络系统,其目的是协作地感知、采集和处理网络覆盖区域内被感知对象的信息,并发送给观察者。

无线传感器网络可实现农业环境数据采集、传输、处理与控制功能，相继应用到节水灌溉、水产监控、温室监控等农业管理领域，美国英特尔公司在俄勒冈州应用了葡萄园环境监测系统，通过长时间记录葡萄生长过程中关键的日照、温度和湿度等环境因子，经过数据分析提取环境与葡萄的关联关系，为葡萄生产提供信息支持；佛罗里达大学研发了基于无线通信的设施农业管理系统，管理人员通过计算机远程控制设施蔬菜的生长。以上系统通常以温室为单元组建独立的无线传感器网络系统，多个温室通过不同网络分别监测和控制。

（二）移动通信技术

移动通信技术已经逐渐成为农业信息远距离传输的重要及关键技术。农业移动通信经历了3代的发展：模拟语音、数字语音以及数字语音和数据。目前，窄带物联网（Narrow Band Internet of Things，NB-IoT）是物联网领域一项新兴的技术，支持低功耗设备在广域网的蜂窝数据连接，也被叫作低功耗广域。通过NB-IoT智慧设备实时将数据通过NB-IoT网络主动传输至云平台，根据海量设备提供的高精度、大规模的动态监测数据，实现高效的管理与调度，降低管理成本，有效提升服务的质量与效率。

三、农业信息处理技术

农业信息处理技术以农业信息为基础，利用各种智能计算方法和手段向对象提供具体信息，主动或被动地与用户沟通，是物联网的核心技术之一。农业信息处理技术包括农业预测预警、农业智能控制、农业智能决策、农业诊断推理和农业视觉处理。

（一）农业预测预警

农业预测是以已有的或可采集的土壤、环境、气象数据，作物或动物生长、农业生产条件，以及化肥、农药、饲料等农业生产资料的使用情况为基础，建立数学模型，对研究对象未来发展的可能性进行推测。农业预警是指衡量未来的农业条件,预测时间和空间的范围及不准确条件的损害程度,并提出预防措施。

(二) 农业智能控制

农业智能控制是指利用农业控制领域的限制,整合人工智能、网络学、系统理论、操作研究、信息理论等多种学科,实现特定控制系统的性能指标最大化或最小化控制。

(三) 农业智能决策

农业智能决策是智能决策支持系统在农业部门的具体应用,将知识、数据、业务流程和其他内容集成到人工智能系统、商业智能系统、决策支持系统、农业知识管理系统、农业专家系统和农业管理信息系统中。

(四) 农业诊断推理

农业诊断是指农业专家根据对象所表现出的特征信息,采用一定的诊断方法对其进行识别,以判定客体是否处于健康状态,找出相应原因并提出改变状态或预防发生的办法,从而对客体状态做出合乎客观实际结论的过程。农业诊断推理是指利用数学表达和知识表达方法的功能描述来构建基于"症状—疾病—原因"的因果和网络诊断推理模型。

(五) 农业视觉处理

农业视觉处理是指利用图像处理技术处理采集的农业场景图像,实现对农业场景目标的识别和理解。视觉信息包括亮度、形状、颜色、纹理等。

第三节 农业物联网产业

一、农业物联网的产业组成

从整个产业链的角度来看,农业物联网的产业运作过程包括以下内容：产品生产与管理、应用设备制造、平台构建与运行、网络接入与维护、价值集成、最终客户。

产品生产和管理服务是农业物联网产业链的中间环节，也是最重要的环节，可分成2个部分。第一部分是进行传统的农业生产改造，把相应的物联网设备应用到生产过程。第二部分是物联网网络的运营支撑系统，包括由各种类型的计算机和相应的管理软件构成的各类管理平台和业务平台。农业物联网应用的不断深入发展必将带来海量的数据处理和信息管理服务需求。农业物联网产业对基于管理和业务的网络运营支撑系统的这部分需求，将促成农业物联网系统平台供应商和系统集成商的出现。

产业化应用是物联网产业链的下游，对物联网的发展至关重要，也是发展和合作空间最广的领域。没有应用就没有需求，没有需求就没有市场，没有市场就没有产业发展的驱动力。农业物联网产业的市场需求，将首先来自政府的产业引导和推动，政府支持和扶持农业物联网技术应用，使农业物联网快速扩大应用范围和覆盖规模，更好地为大众服务并彰显农业物联网的价值。

（一）产品生产与管理

农业物联网要获得长足发展，必须要有竞争性和吸引力的产品。因此，必须对农业产品的生产进行精细科学规划和包装，使产品能够契合投放需求。通常情况下，农业产品的生产由相应的企业和农户提供。

1. 产品生产

农业物联网产品的生产应当有针对性的市场定位。向个人用户提供的产品内容应当具备以下特征：与生活密切相关、安全、健康、有消费体验性等。对于企业用户，则应具有以下特征：大规模批量、安全便捷、可检测，能多样化满足不同企业对相应产品规格、式样、运输、时间等方面的需求。农业物联网的投入很大，初始期应以大规模销售为主，即主要为集中采购服务，同时关注个体需求，这样才能获得最大效益。

2. 产品管理

产品管理是指对生产出的产品进行相应的内容归集和整合，对产品进行细分、打包、个性化处理，建立数据仓库以及电子商务系统。产品管理主要是根据产品的特性和市场的不同需求，对产品经销重新规划，使生产的产品能够有针对性地快速服务于消费客户。

(二) 应用设备制造

应用设备制造是农业物联网产业链的上游。传感设备制造工业是基础，也是产业链的技术核心。农业物联网的制造产业链较长，既包括传感器的生产企业，也包括提供物联网技术应用的网络运营商和软件提供商，还有提供农业信息的通信企业。

(三) 平台构建与运行

1. 平台构建

农业物联网应用平台开发环节的基本功能是从价值链上游获得内容后，通过各种组合处理，形成能够满足用户需求的应用，然后将该产品提供给下游的各种业务集成层面，也就是把产品生产中的信息用数字化的方式构建数据平台，按照产品应用的方向对各种信息进行综合和利用。一般来说，农业物联网应用的平台建设应有相应的平台提供商，或者购买或者自建相应的网络平台，从而能够为信息的综合利用提供完整的方案。例如，将农产品生产中检测到的数据信息进行周期性的对比，再根据不同时期产品的生长质量进行环比，获得最好的产品生产数据，为后期的生产调节做好准备。

2. 平台运行

通过集中的应用平台，有效管理各类数据应用。为确保应用平台的有效运行,必须抓好以下工作:首先是数据中心的运行维护,必须提供一个安全可靠、可扩容的基础设施确保平台的可持续运行,确保数据的安全和不丢失;其次要有相应的应用管理,因为农业物联网的客户是多样的,企业的产品也是多样的,所以必须要有完善的应用管理,使不同的客户能够接入同一平台服务器的应用,提供有针对性的产品方案和产品信息。目前,很多平台都基本上能够满足中心功能的需求,如农户可以通过手机加入平台,及时了解作物信息,消费者也可以通过相应的方式查询、反馈各种信息。只有平台健康完整的运行,农业物联网相应的技术功能才能得以实现。

(四)网络接入与维护

物联网本身是以互联网为基础的,网络基础对于农业物联网应用至关重要,通过网络接入使感知器、设备终端连接,使最终用户能够使用各种数据。网络接入可以提供足够的数据传输和范围覆盖,充分利用网络信息,获得各种方面的资讯。

(五)价值集成

价值集成环节包括3项功能。第一,对价值链进行商务集成,在详细了解客户的不同需求后,向价值链各个环节的参与者明确职责分工,以便有效地进行商务集成。第二,进行技术集成,构造综合解决方案。例如,对农业物联网感应器件、应用平台和网络等进行技术集成,为农业生产创造价值。第三,培养消费者,通过示范效应扩大农业物联网的应用范围和规模,增加产业价值。

(六)最终客户

农业物联网的客户是农业物联网应用不断发展的支持者,他们对整个产业的价值实现起着决定性的作用。客户对产品的选择决定着农业物联网的发展方向,农业产品的销售实现决定着整个产业链的生存。

二、农业物联网的产业特征

目前，农业物联网应用进展仍比较缓慢，根据上文对农业物联网的产业组成的分析，结合当前农业物联网的应用实践，总结农业物联网的产业特征，主要有以下5个方面。

第一，农业物联网产业市场前景广阔。随着国家以及北京、上海、无锡、苏州等地政府和企业对农业物联网投入的不断加大，再加上国内物联网技术的逐渐成熟，农业物联网相应的产品和服务也得到了市场的肯定，并且产生了比传统农业更高的价值。

第二，农业物联网产业处于起步阶段，机遇与挑战并存。目前各地政府和企业都对农业物联网的市场前景保持乐观态度，但是在现实的产业运作中遇到许多短时间难以解决的问题，如技术标准、网络安全、设备维护、农民培养等，不解决这些问题而期望农业物联网产业快速发展显然是难以实现的。

第三，农业物联网产业具有高度的网络化和知识密集性。农业物联网产业是以物联网为基础的，而物联网是在互联网的基础上发展起来的。对农产品产前、产中、产后加工，销售等环节的信息采集、传输、处理和应用的前提就是网络的全覆盖。同时，农业物联网是信息技术的集成应用，需要现代化的知识去适应和使用，因此具有高度的知识性特征。

第四，农业物联网产业具有高附加值性和产业融合性。农业物联网首先是农业对信息技术的应用，发展农业物联网产业不仅需要传统农业的相关者参与，更需要通信、软件等行业的参与，这使农业物联网具有较高的产业融合性。作为农业产业中的高端领域，农业物联网具有高附加值。

第五，农业物联网产业缺乏成熟的商业模式。农业物联网的应用仍属于较低层次，目前的产业政策和机制难以激发产业链各环节的参与热情，不能形成良好的价值回报机制，因而难以促进农业物联网的可持续发展。

第四节　农业物联网运营模式

农业物联网为我国农业提供了培育新经济增长点和实现发展方式转型的契机。农业物联网产业链包括电信运营商、芯片商、设备制造商、应用设备和软件提供商、系统集成商、服务提供商和用户等多个环节。目前，我国农业物联网的开发和应用尚处于起步阶段，产业链条尚存在许多空白，产业竞争规则还不健全，缺乏相关的统一技术标准。产业化发展思路还不清晰，农业物联网的商业模式也未成形。要实现农业物联网的跨越式发展已经不是单一企业或参与主体能够实现的，它依赖产业链各个组成部分的全面合作。

农业物联网的运营模式是农业领域为实现最终用户价值而进行的价值创造过程，是对各参与主体内部结构和流程进行整合，并对各参与主体在价值网中的位置进行重新定位的活动。它是一个结构和体系，包括内部结构以及与外部关联要素的关系和结构。内部结构是运营模式的内部特征，视为"内核"；外部关联是相互作用的外部环境，视为"外层"。农业物联网的运营模式具体包括"政府主导-企业参与"模式、"电信运营商主导-其他合作商参与"模式、"系统集成商和服务提供商主导-电信运营商通道提供"模式、"用户定制-企业实施"模式和"云聚合"模式。从前至后按照农业物联网的发展程度和阶段，步步深入和创新，参与主体不断增加，参与主体之间的联系不断复杂化。

一、"政府主导-企业参与"模式

农业物联网的"政府主导-企业参与"模式，一般是由政府农业管理部门、农业公共事业部门等公共管理机构主导服务平台搭建，电信运营商、系统集成商和服务提供商参与平台建设，客户租用或者购买平台以及相关的软硬件产品，并支付相关通信费用。

该类商业模式是物联网在农业生产经营中最直接的应用体现，可以贯穿于农业物联网发展的各个阶段，政府在其中起着关键性的作用，其对技术和市场的把握非常重要；同时在发展初期，必要的资金投入也是不可缺少的。在农业物联网发展初期，此类商业模式可以作为面向农业市场的主要政策推广模式。农业中重要业务领域的公共事业平台以此类模式搭建，可让农户、农业生产经营企业、农民专业合作社等用户在政府承担成本的情况下免费体验物联网的应用，从而有利于培养这些用户的相关使用习惯，摸索建立符合我国国情的农业物联网应用模式，为物联网行业其他类型的业务推广打下基础。实施农业物联网重大技术专项、开发多功能农业信息化综合服务平台等是应用这类模式最多的领域，其中也可能由通信运营商负责相关公共平台的搭建工作。目前，农业农村部和各地方政府都在财力、人力、物力方面做出了很多努力，推动农业物联网公共服务领域的建设，并取得了明显成绩。

"政府主导-企业参与"模式是在目前我国农业物联网处于起步阶段、前期投入需求大、各参与方合作沟通渠道有限的现实状况下采用最多的一种模式。在《"十四五"全国农业农村信息化发展规划》等文件的指导下，从中央到地方的各级农业主管部门都在组织电信运营商、研究机构、系统集成商和服务提供商等各类主体推动农业物联网的建设和运营。

二、"电信运营商主导-其他合作商参与"模式

在"电信运营商主导-其他合作商参与"模式中电信运营商占据主导地位，无论是在农业业务的开发和推广领域，还是在农业平台的建设与维护等领域，均以运营商为主，系统集成商和服务提供商等他方合作企业参与农业物联网的开发运维。"电信运营商主导-其他合作商参与"模式主要适用的用户范围是农业专业大户、家庭农场、农民合作社等，以采集类和定位类应用为主，应用范围广泛，具体可应用于水体信息监测、土壤信息监测、环境气象监测、作物种植监控、动物养殖监控等领域。

电信运营商是农业物联网建设中不可或缺的重要参与主体，从电信运营商的角度来说，按照建设参与程度和资源投入强度由小到大的顺序，可划分为3种子模式。一是电信运营商直接提供网络连接模式，可简称为通道模式，即由电信运营商向使用M2M业务的农业客户直接提供通道服务，而不通过系统集成商或其他服务商。二是电信运营商合作开发推广模式，即电信运营商与农业物联网系统集成商、服务提供商合作。电信运营商负责农业物联网业务平台建设和网络运行，系统集成商负责农业物联网系统集成业务，服务提供商负责农业物联网业务的开发、运营和推广。三是电信运营商独立开发推广模式，即电信运营商在所有环节全部自营。电信运营商自行搭建平台、开发业务，直接提供给客户。运营商独立开发推广模式因对运营企业初期投入要求较高，所以采用这种方式的农业企业还比较少，目前国内还未出现运营商独立搭建农业物联网平台并开发业务，再直接提供给客户的案例。在这3种子模式中，电信运营商合作开发推广模式是目前国内电信运营商进入农业物联网市场的主流模式，如中国移动、中国电信都在与农业领先的系统集成商、

服务提供商合作,由运营商面向客户推广行业应用产品。

电信运营商的内部结构要素可归结为价值对象、价值主张、价值实现3个维度,外部关联要素为整个农业物联网产业链中的其他重要参与方,包括客户、服务提供商、系统集成商3个维度。电信运营商从自身的角度把内部和外部的各个要素构建在同一个框架下,当不同的结构要素和关联要素相互作用时,电信运营商可以结合具体的设计方向,通过各个要素之间不同的组合进行商业模式的设计(表2-1)。

从上述商业模式结构分析中可以看出,对于参与农业物联网建设运营的电信运营商外部关联维度来说,客户(农业用户)是农业物联网商业模式的价值实现者,客户的满意程度直接影响商业模式所能够创造的价值;服务提供商和系统集成商界面是电信运营商为了实现物物相联以及创造商业模式价值,从自身的内部结构出发,与产业链中其他2个重要环节之间形成的相互关系。

表2-1 农业物联网电信运营商主导模式下的价值分析

维度	客户	服务提供商	系统集成商
价值对象	客户的定位和目标市场细分;客户的需求特征	确定具体的服务提供商;服务提供商的行业结构	确定具体的集成供应需求;系统集成商的行业结构
价值主张	为满足客户需求提供的产品和服务内容;定价结构	为满足电信运营商需求提供的服务;利润分成	为满足电信运营商需求提供的集成服务;利润分成
价值实现	产品和服务的信息传递	纵向一体化;物联网产业链整合	纵向一体化;产业链资源整合

电信运营商内部结构的3个维度是实现农业物联网商业模式的基础。价值主张和价值实现分别与服务提供商和系统集成商进

行组合，定位电信运营商在农业物联网产业链中与其他2个重要环节的相互位置。整合电信运营商与服务提供商、系统集成商之间的竞争与合作关系，是基于电信运营商视角构建物联网商业模式的重要思路，即以"运营商+系统集成商+服务提供商"来整合农业物联网产业链。

三、"系统集成商和服务提供商主导-电信运营商通道提供"模式

"系统集成商和服务提供商主导-电信运营商通道提供"模式是以系统集成商和服务提供商为核心，主导农业物联网的开发运营，电信运营商只提供网络连接并收取流量费用的一种运营模式。例如，Accenture、IBM、InCode Wireless等系统集成商实力强大，有能力将各种硬件设备和软件系统集成为一个即插即用的解决方案，同时兼容农业物联网的技术和协议。

系统集成商和服务提供商租用电信运营商的网络，通过整体方案连带通道打包向用户提供服务。由于农业物联网应用企业专业化特征十分明显，需要由行业内专业系统集成商和服务提供商提供服务，特别是壁垒相对较高、应用要求相对复杂的农业细分领域，更需要对这些细分领域具备长期经验和专业素养的系统集成商、服务提供商的参与。此类系统集成商和服务提供商属于第三方服务企业，具备较强的农业物联网方面软硬件开发和集成能力，同时在行业当中拥有较高的地位。在此类商业模式中，系统集成商和服务提供商是主要的利益获得者和收入分配者，它们的专业技术水平是此类商业模式形成的核心，主要适用的用户是大型农业企业客户、农民专业合作社等，实际的应用类型以固定区域空间内的数据实时采集类监测为主，如大气温度、大气湿度、二氧化碳、土壤温度、土壤含

水量的信息实时采集。

在这一模式中，系统集成商和服务提供商等利用电信运营商提供的通信网络直接为用户提供服务，电信运营商无须专门针对农业物联网客户或项目进行投资，只负责网络连接，提供网络数据传输服务，并不涉及农业市场，主要通过向农业系统集成商、服务提供商或农业用户收取流量费用来维持运营。这种模式对电信运营商来说，不需要与其他农业物联网参与方建立关系，管理比较简单，移动设备使用率增加，不仅没有风险，反而可以提高其收益。

我国国内系统集成商和服务提供商在农业物联网领域的海量数据处理和信息管理服务方面，发展起步相对较晚，行业积累较少，具备实力和影响力的服务提供商还寥寥无几。与此相比，微软、IBM、Infor、甲骨文等具备国际影响力的跨国信息技术服务巨头已经争先恐后地在全国各地跑马圈地。

2013年初，河南省农业机械管理局采用IBM主机平台，成为IBM布局河南"智慧农业"的第一家政府管理机构。IBM主机具有GPS定位、实时数据收集、数据集成等功能，可以支持运营分析、大规模云计算及终极安全保护等服务需求，使农业生产经营实现真正意义上的"智慧化运营"。

IBM近年来在农业物联网方面投入很大，已经形成了具有突出行业竞争力的解决方案提供能力。IBM所打造的农业物联网平台涉及物联网、传统工控技术、自动化、云平台、大数据处理、电子商务、社交平台、ERP、商业智能、电子结算等技术，还包括B2C、B2B、O2O等商业模式的电子交易平台。平台融合大量的IBM独有的行业解决方案和创新技术。平台以企业方式运作，以融合各方利益为基础。通过产业链上众多不同类型企业的加入，如种植、养殖、加工、物流、仓储、银行、保险、地产、零售商和消费者等，形成一个具有良好规范的业态。政府作为监管机构，为平台提供行政、监管服务，通过商业智能的手段宏观把握业态的运行并给予引导。

四、"用户定制–企业实施"模式

"用户定制–企业实施"模式是用户负责整个农业物联网服务体系的搭建，并承担物联网平台的全部费用。在这类模式中，用户是唯一的核心，电信运营商、系统集成商和服务提供商等其他个体起辅助作用。一般来说，此类用户市场力量相对强势，其物联网应用需求具有较强的私密性要求，对于信息的感知和传递有较高的安全性要求，物联网应用所涉及的生产经营环节对其品牌及核心竞争力具有较大影响。

在农业信息化发展程度较高的阶段，电信运营商提供的业务种类往往不能满足农业企业客户对于农业物联网应用的需求。要完成客户要求，需要电信运营商联合系统集成商和服务提供商，定制开发业务。这种差异化的应用与服务，确立了用户在物联网产业链中的主导地位，并使电信运营商、系统集成商和服务提供商的合作方式和获取利润的渠道产生变化。作为一种特殊的商业模式，客户定制模式能够在任何一种农业物联网运营模式中存在。

（一）用户定制下的电信运营商主导模式

在满足用户定制要求的前提下，电信运营商如果采取合作开发、独立推广的商业模式，用户定制的业务需求就由电信运营商与系统集成商、服务提供商共同提供，用户根据定制业务向电信运营商支付费用，由电信运营商按照业务量或比例与系统集成商、服务提供商分成。

电信运营商如果采取独立开发、独立推广的商业模式，用户定制的业务需求就由电信运营商独立开发完成，用户所支付费用由电信运营商独自获得。但也可能向上游的农业物联网系统集成商、服务提供商等外包部分业务。

（二）用户定制下的系统集成商和服务提供商主导模式

在这一模式下，电信运营商仅承担网络通道服务，通过收取流量费用获取利润。用户定制的业务需求主要由系统集成商和服务提供商等提供，利润主要由系统集成商和服务提供商分享。

（三）用户自行实施模式

如果农业物联网客户企业能够独立完成业务开发与业务运营，那么客户企业只需要电信运营商为其提供数据通信网络服务，并直接缴纳费用。这种模式适合一些实力非常强且有自行定制物联网业务能力的大型农业企业。在这种模式下，电信运营商除了为这类大企业提供企业所需的数据流量外，无须提供更多的业务增值服务，系统集成商和服务提供商的业务内容由农业企业自身承担。美国嘉吉集团、我国中粮集团等大型农业企业集团适用于此类模式。

五、"云聚合"模式

成功的商业模式要能为用户提供独特价值，确保产业链各环节通过确立自身与众不同的地位来保证利润来源不受侵犯。在农业物联网商业模式上，有许多专家结合云计算的思路提出了"云聚合"的概念，认为"云聚合"模式将成为农业物联网未来发展的方向。

通过分析农业物联网运营平台的功能和性能需求，具有以下3个特征适宜应用云计算。

一是对资源有大规模、海量需求。未来农业物联网运营平台需要存储数以亿计的传感设备在不同时间采集的海量信息，并对这些信息进行汇总、拆分、统计、备份,这需要弹性增长的存储资源和大规模的并行计算能力。

二是资源负载变化大。农业随季节、地域应用的峰值负载、闲时负载和正常负载之间差距明显,因此存在负载错峰的可行性。

三是以服务方式提供计算能力。虽然不同农业领域应用的业务流程和功能存在较大不同,但从农业物联网运营角度来看,其计算控制需求是相同的,都需要对采集的农业数据进行分析处理,因此可以将这部分功能从细分领域密切相关的流程中剥离出来,包装成面向不同农业细分领域的服务,以平台服务方式提供给用户,用户只要满足服务接口要求,就能享受到这些服务。例如,可以在农业物联网运营平台实现一个土壤监控的计算模型,并开放服务接口,按需调用这个接口就能够获得监控数据分析结果。

农业物联网"云聚合"模式是一种建立在云计算基础上,以农业用户服务为核心,根据已有的农业物联网运营平台和业务能力,针对农业市场整合内外部资源,形成农业用户、农业企业、农民专业合作社、电信运营商、系统集成商和服务提供商等其他市场参与者共同创造价值的网络商业模式。其主要特点:在一定的安全机制下,形成信息全面自由流通,通过大量快速的信息传送来实现农业产业链快速增值的局面。各个主要参与体通过不断的投入产出活动吸引用户资源并创造价值。

首先,农业物联网"云聚合"模式是一个整体,由各云团有机组成,它们之间紧密联系,通过互相作用形成一个良性循环。其次,"云聚合"的微观基础由无数个传感器设备(智能尘埃)组成,每个智能尘埃含有微处理器、通信芯片、感知单元等,能够以较低功耗执行监视和控制任务。最后,"云聚合"的价值创造模式从价值链提升到价值网这一层次。传统的价值链模型中，上下游企业之间的交流只能是线性流动，而在价值网中，不同企业之间直接跨边界合作。

　　农业物联网的"云聚合"添加了用户群体的因素，用户一直贯穿整个价值创造活动的始终，并有可能向商家和投资者转化。因此，客户服务和客户价值分析是商业模式的原动力，只有客户越来越多，"云聚合"的规模才会越来越大。此外，这一模式充分考虑了政府的影响。随着农业"云聚合"网络的不断发展，许多相关机构、个人等主体也将参与进来，形成新云。各级政府正在加大力度支持农业物联网的发展，可以通过相关政策法规向新云吹"政策风"，使其与现有农业物联网网络融合。

　　在"云聚合"模式下，农业产业链不同环节直接沟通，信息流通更加通畅。随着用户的增多，资源的利用率大大提高，聚集效应也越显著。"云聚合"的结构还可以根据农业市场动态做出及时调整，"云聚合"的地域分散性也降低了农业收益风险。

　　农业物联网"云聚合"模式既符合未来主流计算模式——云计算的趋势，也符合物联网体系结构的发展特点。目前不同的农业物联网应用大多处于"孤岛状态"，比如种植系统的物联网只有种植系统的相关主体才能进入，养殖系统的物联网只有养殖系统的相关主体才能进入，彼此之间缺乏共享，制约了农业物联网潜在价值的发挥，"云聚合"模式则能促进云内部和云之间各种关系的融合，打破不同细分网络之间的壁垒。

第三章 物联网+大田种植

第一节 大田种植概述

一、大田种植的概念

大田种植,简单来说是指在规模较大的田地上种植作物。种植的作物既可以是小麦、水稻、玉米等粮食作物,也可以是棉花、牧草等常见的经济作物。

大田种植业的特色是种植区域面积广阔,以连片的平原为主,地势十分平坦,适合大规模的机械化作业,但是种植区域内气候复杂多变。大田种植主要分布在东北、西北、华北和长江中下游等地区。

二、规模化大田种植的推动力

一是劳动力成本刚性增长,越来越需要用机械替代人力。

二是工业化的发展,让机械变得更好、更便宜、更容易让农民接受。

三是土地"三权"分置的实现,大大有利于土地流转,实现各种形式的规模经营。

第二节　大田种植智能化的发展

一、大田种植发展现状

　　大田种植是我国重要的农业生产方式，体现了我国的农业生产水平。目前，我国的大田种植已基本实现机械化生产，但不同地区的种植种类、种植规模、种植模式等差异较大，地区之间发展不平衡现象突出，保障粮食产量更多地依靠资源投入。随着人口老龄化和产业转型升级的需求，根据我国大田农业发展的现状，迫使我国必须走智慧大田发展之路。

　　实现大田种植的数字化，甚至智能化，需要利用无线传感器网络和物联网技术支撑，通过远程在线方式，采集高精度的产前地块和生产资料信息，产中光、热、水、肥、气等种植参数和产后农产品收获管理等信息，从而实现精准深松、精准平地、变量施肥、精准植保、自动"四情"监测、农机智能调度、精准浸种育秧和精准播种收割的目的。

　　近年来，随着机械化装备和自动化控制技术的快速发展，我国大田种植技术水平出现了较大程度的提升，尤其是农业物联网技术在大田种植中的应用，带来了翻天覆地的生产和管理变化，整个大田种植向着精准、高效的方向快速发展。然而，在智慧大田种植发展中，仍然面临很多问题，如人才短缺、农业从业人员知识文化水平不高、设备和软件服务成本高、传感器精度不准、数据获取难、技术实用性不强、资金支持力度有限等，这些问题都直接或间接地影响了大田种植智能化的发展。

二、大田种植智能化的发展阶段

(一) 萌芽期

20世纪80年代,在政策影响下,我国农业产业结构发生了很大的变化,使农业发展走上了新的台阶,大田种植模式也逐渐由人力、畜力向机械化过渡,在大田作物栽培、病虫害防治、生产管理方面有了显著的进步。

(二) 快速发展期

20世纪90年代,是大田种植技术的快速发展期,大田作业机械成为农业发展的新方向,科研人员也为此不断地努力奋斗着。较大规模的机械化在黑龙江农垦等地区得到应用。

(三) 规模应用期

21世纪,精准农业、新技术的快速发展为农业机器人的发展提供了新的可能。随着大数据、云计算和人工智能技术的进步,智慧大田种植处于规模应用期。无人机植保等的大规模应用,不仅提高了生产效率,也改善了生态环境。部分智能化系统开始规模化应用,激光平地、无人机植保、测土配方施肥、大田种植物联网、农机智慧调度、采收智能作业机械装备等也在不断发展。

(四) 智能决策期

2017年9月,英国哈珀亚当斯大学(Harper Adams University)与精准决策公司(Precision Decision)合作研究了建设无人农场的可行性,实现了从种植到收割小麦的无人直接介入的生产过程。在该项目中,农场主在控制室操作自动拖拉机进行播种和喷洒,利用无人机监控、评估作物生长情况,应用自动联合收割机对小麦进行收割。2018年6月,我国在江苏兴化借助北斗卫星导航,完成了耕整、打浆、插秧、施肥施药、收割等农业生产环节的无人农机作业试验。美国、以色列等已经采用了自动驾驶、智能滴灌、变量施药等智能化新技术。日本正在快速推进通过卫星数据激活无人农业。澳大利亚已把无人驾驶拖拉机应用于耕作。这说明在农业生产中全程自动化、智慧大田智能控制与无人值守作业已成为可能。

三、大田种植智能化的发展趋势

大田种植智能化进一步发展。在生产领域精准、精细；在经营领域，实现高度的定制大田；在信息服务领域，全方位地实现动态、实时的信息服务，最终实现精准、精致、高效和绿色大田种植。

在大田种植生产作业环节，摆脱人力依赖，由人工走向智能，构建集环境生理监控、作物模型分析和精准调节于一体的农业生产自动化系统和平台，根据自然生态条件改进农业生产工艺，进行农产品差异化生产。在生产管理环节，特别是一些农垦区、现代农业产业园、大型农场等单位，智能设施与互联网广泛应用于大田农业测土配方、茬口作业计划及农场生产资料管理等生产计划系统，以提高效能。

在信息服务方面，要提供精确、动态、科学的全方位大田种植信息服务，面向"三农"的信息服务为农业经营者传播先进的农业科学技术知识、生产管理信息及农业科技咨询服务，引导龙头企业、农业专业合作社和农户经营好自己的农业生产系统与营销活动，提高农业生产管理决策水平，增强市场抗风险能力，做好节本增效、提高收益。同时，云计算、大数据等技术也进一步推进大田种植管理的数字化和现代化，促进农业管理高效和透明，提高农业部门的行政效能。

第三节　物联网技术在大田种植中的应用

一、大田种植物联网简介

大田种植物联网以先进的传感器、云计算、大数据以及互联网等信息技术为基础，由监测预警系统、无线传输系统、智能控制系统及软件平台构成，通过统一化的监控与管理监测区域的土壤资源、水资源、气候信息及农情信息（苗情、墒情、虫情、灾情）等，构建以标准体系、评价体系、预警体系和科学指导体系为主的网络化、一体化监管平台，使大田种植真正做到长期监测、及时预警、信息共享、远程控制，最终改善产量与品质。

大田种植物联网可以连通相对孤立的信息节点，从而达到信息的及时上传/下达，政府部门统一管理、分析以市、县、乡、村、场为基点的信息，这些信息可为政府部门宏观决策提供数据支持。

二、大田种植物联网监测系统

大田种植物联网监测系统可以准确控制肥水灌溉量，实现土壤水分和养分的精确控制，在节约水资源的同时也节约了人力成本。通过土壤传感器可精准测量土壤的含水量。通过气象数据（如风速、风向、大气压力、降水量等）可随时关注气象变化，提前做好防护措施，以减小灾害天气的影响。图3-1为大田种植物联网监测系统。

大田种植物联网监测系统主要包含3个部分：信息采集、设备的自动控制和信息的发布与智能处理。

第三章 物联网+大田种植

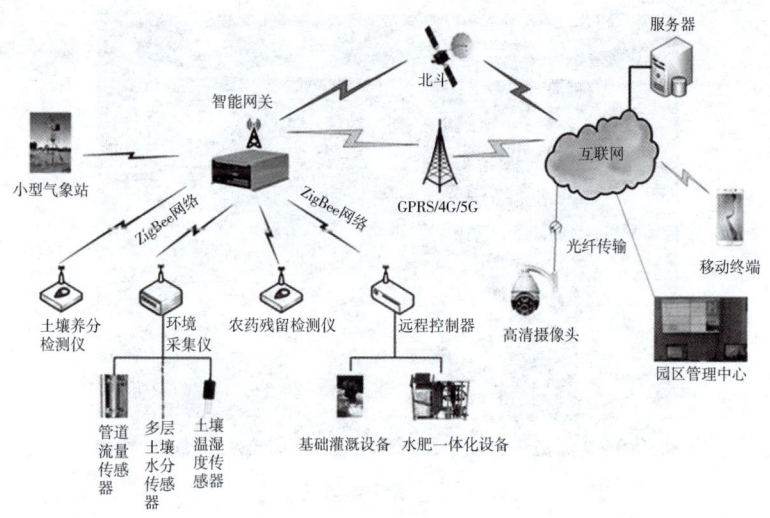

图3-1 大田种植物联网监测系统

（一）信息采集

信息采集的设备主要是前端的传感器，其中包括土壤温湿度传感器（图3-2）、光照传感器、风速传感器以及雨量传感器等，将这些传感器放置在田地间，通过对农作物生长环境的监测，进行实时数据的反馈，反馈好的数据传输到管理人员的计算机或手机端，从而为农作物生长提供精准的监测和科学依据，实现智慧农业的数据传输。

（二）设备的自动控制

设备的自动控制有灌溉系统和水肥一体化系统，一个是将水源过滤后精准传送至农作物的根部，另一个则是和肥料一起传送至农作物的根部。这2个系统都是通过滴灌带对农作物进行灌溉，根据农作物所需的水分和养分，对其进行精准估算，然后将水分和养分定时定量且均匀地输送至农作物的根部，从而使农作

· 53 ·

图 3-2 土壤温湿度传感器

物苗壮生长，不会浪费过多的水肥资源，这也是智慧农业发展的一部分。

（三）信息的发布与智能处理

信息的发布与智能处理包括了视频监控系统、信息展示系统与应用软件平台，视频与图像监控很直观地显示了农作物的状态，比如作物缺水了又或者是营养不够导致植株过小等，都可以通过视频直接展示；信息展示则是通过监视器或液晶显示屏来实现，可以观看农作物情况；应用软件平台则可通过计算机端或手机端实时显示农作物的各项数据，管理人员可以根据数据对农作物进行操控，简单又方便，实现了将科学与农业相结合，走向智慧农业。

三、激光平地

早在20世纪80年代中期，农业激光平地系统就已经被广泛应用。该系统可用于整平土地,以便于灌溉,减少水土流失,增加土地产出率。

农业激光平地系统主要由激光发射器、激光接收器、控制器和液压执行机构组成。其工作原理:激光发射器发出一定直径的基准圆平面(也可以提供基准坡度),装在刮土铲支撑杆上的激光接收器将采集的信号经控制器处理后控制液压执行机构,液压执行机构按要求控制刮土铲上下动作,即可完成土地平整作业。

用激光平地技术设备平整稻田,具有地平、省地、节水、增产等作用。激光平地技术设备由发射器、接收器、控制箱、液压阀和平地铲等组成,可在直径 600 m 范围内平整土地,平地后的土地高低差在 1 cm 范围内,可达到"寸水不露泥,灌水棵棵到,排水处处干"的效果,可使水稻在各生长期获得最佳水层。使用该技术可减少池埂用地 2%~3%、省水 30%、增产 10%。图 3-3 为拖拉机牵引刨式平地机在激光控制下进行平地作业。

图 3-3 激光控制下的平地作业

四、无人机植保

农业航空技术有着作业效率高、作业效果好、作业适应性广和作业成本低等特点，特别适用于大田种植场景，对于作业条件相近的作物，可以实现相似作业。作为一种适应性较强的机械，农业航空机械可对作业条件相似的不同作物进行作业，可进行多功能作业且具有较好的功能切换模式。植保机械需要实现喷药、打顶、抽雄、施肥、除草、修剪、耕作、嫁接和农产品分级等方面的工作，其中无人机植保（图 3-4）可以方便地实现大规模、高效率的喷药、打顶操作，搭载监测仪器的无人机还可以实现农田和作物的信息监测与管理。

图 3-4　无人机植保

通过清理、整合等方式，将散乱的农业航空作业过程中的各类生产要素（植保无人机、作业人员、土地、作物、农资等）及流通过程和经营主体的海量数据，变为可供分析的数据集，通过数据处理，探寻科学合理的现代农业航空精准方式，保障食品质量与安全。

五、农机智慧调度

针对现今农机与农户间信息不对称，许多农机仅局限于本合作社或本区域作业，农户无法及时找到农机手进行耕收等现象，农机智慧调度技术可以有效解决"有机无田耕、有田无机耕"的问题。

农户根据自身作业需求，提前发出预约服务，标注相应的发单人信息、作业时间、地点、面积、类型、理想报价等，农机拥有者可根据信息发布者的距离路线、作业内容进行接单。农机手可在此模块下自行发布农机类型、农机数量、作业地点、理想报价等租用信息，农机需求者可对应自身需求内容进行选择，实现农机需求者和农机拥有者的精准对接。依托省级 GIS 管理系统，对接各农机服务中心及各加油站地理位置信息，为农机使用者农机加油、部件维修等日常需求提供便捷的资讯服务。

通过农机智慧调度技术，预约服务方式，农户将作业内容等需求信息发布后，附近农机手即可直接接单，从而有效解决农机闲置问题，提升耕种收割效率。同时，可借助该技术拓展更多的农业服务内容，包括农资购买、农产品销售及金融等服务。

六、采收智能作业机械装备

大田作物的整个生产过程涉及土壤耕作、播种或栽植、田间管理（除草、施肥、灌溉、病虫害防治等）、收获与储藏等不同农业生产工艺过程。由于大田作物生长的季节性特点，每个农业生产工艺过程的实施不仅需要一定数量适用的农业机器和技术合格的操作者，而且必须按照大田作物生产的要求并结合自然条件去合理组织生产，才能保证及时完成任务，取得较好的技术经济效益。这些合格的操作者、适用的农业机器与作业对象（如土壤、种子、农作物等）、作业所处的自然环境按一定方式组织协调起来，共同构成了大田作物机械化作业系统。

实现农机具智能化是农业生产发展的必然要求和趋势，最后实现机械化收获、运输及储存智能化。大田作物机械化收运过程（图3-5）包括机组作业前准备和机组作业过程2个阶段。机组作业前准备包括作物收获工艺方案规划与选择、机组准备、田间准备、作业计划制订与调度等。其中，机组准备包括机组选择或编组、机组检修调整与保养；田间准备包括机组作业路径选择和田间清理等。收获机组和运输机组涉及机组负荷考查与编配、机组开始工作时的检查调整、收获运输是否正常作业、技术保养及作业质量检查与安全等工作。

图3-5　水稻智能收割机田间作业

第四章 物联网+设施园艺

第一节 设施园艺概述

一、设施园艺的概念

设施园艺是指在露地不适于园艺作物生长的季节或地区，利用温室等特定设施，人为创造适于作物生长的环境，根据人们的需求，有计划地生产安全、优质、高产、高效的蔬菜、花卉、水果等园艺产品的一种环境调控农业。

二、设施园艺的特点

与露地栽培相比，设施园艺具有以下特点。

（一）设施园艺地域性强

应充分利用当地自然资源，例如，发展日光温室，一定要选择冬季晴天多、光照充足的地区，避免盲目性。有些地区有地热（温泉）资源、工业余热等，可以用于温室加温，应充分利用，降低能源成本。

（二）设施园艺投资大

设施园艺中的设施类型多样。各种设施在生产中都能发挥特定的作用，但因其性能不同，各自的作用又有不同，在选用时应根据当地的自然条件、市场需要、资金投入、技术、劳力、栽培季节和栽培目的选择适用的设施进行生产。

设施园艺生产除需要设备投资外，还需加大生产投资。因此，必须在单位面积上获得最高的产量、最优质的产品，提早或延长（延后）供应期，提高生产率，增加收益，否则对生产不利，影响发展。

(三) 需要进行环境调节

园艺作物设施栽培，是在不适宜作物生长的季节或地区进行生产，因此设施中的环境条件，如温度、光照、湿度、营养、水分及气体条件等，要靠人工进行创造、调节或控制，以满足园艺作物生长发育的需要。环境调节控制的设备和水平直接影响园艺产品的产量和品质，也就影响着经济效益。

(四) 要求较高的管理技术

设施栽培技术要求首先必须了解不同园艺作物在不同的生育阶段对外界环境条件的要求，并掌握保护设施的性能及其变化规律，协调好两者间的关系，创造适宜作物生长的环境条件。设施园艺涉及多学科知识，要求生产者素质高、知识全面，不但懂生产技术，还要善于经营管理，有市场意识。

(五) 生产专业化、规模化和产业化

大型设施园艺一经建成必须进行周年生产，提高设施利用率，而生产专业化、规模化和产业化才能不断提高生产技术水平和管理水平，从而获得高产、优质、高效。

三、设施园艺的层次

从设施条件的规模、结构的复杂程度和技术水平划分，设施园艺可分为4个层次。

(一) 简易覆盖设施

简易覆盖设施主要包括各种温床、冷床、小拱棚、荫障、荫棚、遮阳覆盖等简易设施,这些农业设施结构简单,建造方便,造价低廉,多为临时性设施。主要用于作物的育苗和矮秆作物的季节性生产。

(二) 普通保护设施

通常是指塑料大中拱棚和日光温室,这些保护设施一般每栋为 $200\sim1\,000$ 米^2,结构比较简单,环境调控能力差,栽培作物的产量和效益较不稳定。一般为永久性或半永久性设施,是我国现阶段的主要农业栽培设施,在解决蔬菜周年供应中发挥着重要作用。

(三) 现代温室

通常是指能够进行温度、湿度、肥料、水分和气体等环境条件自动控制的大型单栋和连栋温室。这种园艺设施每栋一般在 $1\,000$ 米^2 以上,大的可达 $30\,000$ 米^2,用玻璃或硬质塑料板和塑料薄膜等进行覆盖,配备计算机监测和智能化管理系统,可以依据作物生长发育的要求调节环境因子,满足生长要求,能够大幅度提高作物的产量、质量和经济效益。

(四) 植物工厂

这是农业栽培设施的最高层次,其管理完全实现了机械化和自动化。作物在大型设施内进行无土栽培和立体种植,所需要的温度、湿度、光照、水分、肥料、气体等均按植物生长的要求进行最优配置,不仅全部采用计算机监测控制,并且采用机器人、机械手进行全封闭的生产管理,实现从播种到收获的流水线作业,完全摆脱了自然条件的束缚。但是,植物工厂建造成本过高,能源消耗过大,目前只有少数投入生产,其余正在研制之中或为宇航等超前研究提供技术储备。

第二节 设施园艺智能化的发展

一、设施园艺的发展现状

设施园艺是设施农业的标志产业之一,是集优质、高产、高效、安全于一体的现代农业生产方式,是农业生产方式转变和农业结构调整战略的重要支撑。多年以来,设施农业在保障和丰富蔬菜供给、改善农业生产条件、提高农业经济效益、推动农村经济发展和促进农民就业增收等方面发挥着重要作用。农业农村部最新数据显示,我国设施农业面积达 4 270 多万亩[①],占世界设施农业总面积的 80% 以上,其中设施蔬菜面积占设施农业面积的 81%。但同时,我国设施农业还存在设施简陋、环境调控水平较低、生产管理规范较差、生物和非生物障碍频发、产品质量不理想等多重问题。例如,机械化水平,全国大田作物机械化水平平均达到 70% 以上,但设施园艺只有 35% 左右;再如,连作障碍、酸化和盐渍化、生物侵染性病害等,不断影响着设施农业生产。

当前设施园艺科技需求的重点,是提质增效和推进现代化技术,未来需求的重点则是智能化技术。设施园艺必须首先实现机械化、自动化、数字化、网络化,之后才能够实现智能化。

二、设施园艺物联网

设施园艺涵盖了建筑、材料、机械、自动控制、品种、栽培、管理等多个学科和多种系统,因而科技含量高,是一个国家或地区农业现代化水平的重要标志之一。随着生活水平的提高,

---

① 1 亩 ≈ 667 米^2。全书同。